AF349530

RAPPORT

FAIT A L'ACADÉMIE DES SCIENCES,

SUR

LES MÉMOIRES

ENCORE INÉDITS

DE M. DE PARAVEY,

RELATIFS A L'ORIGINE CHALDÉENNE DES ZODIAQUES

ET A L'AGE PEU RECULÉ

DES PLANISPHÈRES RETROUVÉS A ESNÉ ET A DENDERAH,

EN ÉGYPTE,

PAR M. LE Ch^{er} DELAMBRE,

Secrétaire perpétuel pour la classe des sciences mathématiques, Auteur
de l'histoire de l'*Astronomie ancienne et moderne*.

PARIS, 1821.

RÉIMPRIMÉ ET ANNOTÉ EN 1835,

ÉPERNAY, IMPRIMERIE DE WARIN-THIERRY ET FILS.

AVERTISSEMENT.

Vers le mois d'août 1820, nous avons lu à l'académie des Sciences et à l'académie des Inscriptions, *pendant cinq séances consécutives*, des mémoires fort étendus sur l'antique Astronomie chaldéenne et hiéroglyphique, Astronomie dont toutes les autres sont dérivées, qui est spécialement conservée dans les livres emportés en Chine, et que dès-lors nous avions étudiée dans toutes ses parties essentielles.

Comme ces mémoires piquaient assez vivement la curiosité des deux Académies, parce que nous y traitions des Zodiaques égyptiens, et que nous osions les déclarer modernes, et même du temps des Romains, une commission extraordinaire, composée de cinq membres, MM. Ampère, Fourier, Delambre, Cuvier et Burckhart, fut chargée de les examiner et d'en faire son rapport à l'académie des Sciences.

M. le baron Cuvier, sentant la haute importance philosophique et religieuse de nos recherches, s'était adjoint de lui-même à son savant collègue, M. le chevalier Delambre, qui fut élu rapporteur, et à qui nous dûmes remettre alors, et nos mémoires fort étendus, et les calques et dessins nombreux qui en formaient la partie démonstrative.

Nous partîmes bientôt après pour les eaux des Pyrénées, et à notre retour, nous apprîmes que M. Arago, *bien qu'il ne fût pas nommé commissaire*, avait demandé nos manuscrits, les avait emportés à l'Observatoire, et, après une soigneuse investigation, y ayant découvert une erreur, relative au simple nom d'une étoile, annonçait qu'il les ferait rejeter par l'Académie.

Nous nous attendions à ces vives attaques et aux persécutions sourdes du philosophisme, *et en effet, elles ne nous ont pas manqué jusqu'à ce jour ;* mais malgré tout ce que l'on put dire à M. Delambre, contre nos opinions politiques, il nous déclara qu'il ferait son rapport en notre faveur, et qu'il rendrait seulement ses conclusions presque nulles, afin de ne pas soulever une dispute que son grand âge l'obligeait à éviter.

Il nous lut ce rapport, où il ose à peine nous donner raison ; il nous lut également la note qui le termine, et où son opinion est plus formellement énoncée, mais il nous prévint qu'il ne communiquerait pas cette note à l'Académie, et nous autoriserait seulement à l'imprimer.

Après la lecture de son travail, ainsi décoloré à dessein, et qui eut lieu dans la séance du 5 février 1821, une solennelle discussion s'éleva en effet entre M. Fourier, soutenu par M. Arago, notre ancien condisciple, et M. le baron Cuvier, que nous ne connaissions nullement alors, mais qui, avec une noblesse d'âme, dont l'histoire saura le louer un jour, eut le courage de défendre, la thèse importante que nous soutenions.

Déjà l'adoption de ce rapport, sans conclusions formelles, avait presque été rejetée ; et contre nous s'étaient levées les mains de MM. Lacroix, Maurice, et même la main de M. le duc de Raguse, ami intime de M. Arago, quand une éloquente sortie de M. Cuvier ramena l'Académie dans des voies plus impartiales.

Si, en effet, cette assemblée eût rejeté, sous le plus misérable prétexte, ces mémoires, où, d'une manière toute nouvelle, quoique fort simple, nous établissions que les *Zodiaques gradués de Denderah*, et sans doute même ceux d'Esné, *étaient du temps des Romains, et postérieurs à Hipparque,* quelle eût été sa confusion, quand ensuite l'ingénieux Champollion vint, sur ces mêmes Temples, que l'on prétendait être d'une si haute antiquité, lire le nom des Empereurs romains ?

Ce fut M. le baron Cuvier qui sauva cette cruelle mésaventure à ce Corps, savant par excellence, mais où certaines opinions politiques et religieuses sont un titre assuré d'exclusion.

Dans les éloges que l'on a faits de cet homme universel, nous avons en vain cherché ce trait célèbre de sa vie académique, et c'est parce qu'on a omis de louer son courage en cette mémorable occasion, que nous avons cru devoir ici consigner ces détails, si honorables pour lui, et si précieux pour nous.

Seul aussi, il eut le courage, s'appuyant encore sur son savant ami M. Delambre, de citer dans son admirable DISCOURS SUR LES RÉVOLUTIONS DE LA SURFACE DU GLOBE, nos Mémoires, qu'aucun des éditeurs de Bibles nouvelles ne daigna nous demander ni indiquer, et qu'aucun libraire, même de ceux qui se prétendaient religieux, ne voulut imprimer.

Seul enfin, il nous pressa plusieurs fois, et même peu de semaines encore avant sa mort imprévue et si fatale, de les imprimer à nos frais.

Cependant il ignorait nos travaux actuels sur l'Histoire, travaux fondés sur des bases toutes nouvelles, et qui sont en harmonie parfaite avec les vues si profondes qu'il a jetées dans son immortel ouvrage ; mais le vrai génie sait partout découvrir la vérité. Il était persuadé que nous apportions de la conscience dans nos recherches ; il savait que nos assertions reposaient toutes sur des travaux de plusieurs années ; et son intérêt, nous devons le dire, nous a dédommagé amplement, de cet abandon, où des Prélats, des Princes, des Souverains, cependant religieux, nous ont laissé jusqu'à ce jour, abandon qui nous afflige pour eux, et qui néanmoins ne nous décourage nullement.

Nous avons autrefois donné le rapport de M. Delambre dans toute son étendue, bien que nous ne partageassions pas toutes ses idées sur l'origine de l'Astronomie, qu'il voyait naître seulement chez les *Grecs ;* tandis que, dès 1820, nous admettions que des Solstices et des Équinoxes avaient été observés dès les temps d'YAo, temps voisins du déluge, mais l'avaient été en *Chaldée,* et non en *Chine.*

En faisant aujourd'hui, réimprimer ce rapport, nous en supprimons quelques parties peu essentielles, et nous y ajoutons quelques notes qui le mettront à la hauteur des connaissances actuelles sur les monumens astronomiques des anciens : nos travaux et ceux de MM. Champollion et Young, sur les Hiéroglyphes, montrant qu'il a dû exister une savante Astronomie sous cette forme hiéroglyphique, et que les Grecs ensuite, lui donnant une forme alphabétique, ont dû presque la recréer, dans des temps voisins de notre ère.

C'est ce qui concilie, avons-nous dit ailleurs, les idées de Bailly et de MM. Fourier et de Laplace sur la haute antiquité des sciences et des arts, et celles de M. Delambre, qui, comme Pline et d'autres auteurs, attribue tout aux Grecs.

Mais cette antiquité reculée pour les sciences, se concilie aussi parfaitement avec ce que la Bible nous dit de l'intelligence presque divine et de la longue vie des premiers hommes ; c'est ce que l'on doit admettre en lisant ce Rapport et nos remarques, et ce que l'ensemble de nos recherches tend partout à établir.

Ch^{er}. DE PARAVEY.

Paris, 9 avril 1835.

RAPPORT

FAIT A L'ACADÉMIE DES SCIENCES,

SUR

LES MÉMOIRES ENCORE INÉDITS

DE M. DE PARAVEY,

RELATIFS A L'ORIGINE CHALDÉENNE DES ZODIAQUES,

ET A L'AGE PEU RECULÉ

DES PLANISPHÈRES RETROUVÉS A ESNÉ ET A DENDERAH, EN ÉGYPTE (1).

Paris, le 16 février 1821.

Le Secrétaire perpétuel de l'Académie pour les sciences mathématiques, certifie que ce qui suit est extrait du procès-verbal de la séance du lundi 5 février 1821.

L'objet de ces mémoires est de prouver que *toutes nos Connaissances* nous viennent de la Chaldée. L'auteur annonce qu'il démontrera cette assertion, 1° EN DISCUTANT L'ORIGINE DES LETTRES (2) ET DES CHIFFRES DES PEUPLES DIVERS; 2° EN TRAITANT DE L'ORIGINE DE LEURS CONSTELLATIONS.

(1) Il faut remarquer que l'un des commissaires, M. Fourier, a réclamé contre tous les passages de ce rapport, qui tendraient à donner une idée peu favorable des connaissances astronomiques des Chaldéens et des Egyptiens; que, néanmoins, la commission a décidé que le rapport serait lu tel qu'il était: enfin, que l'académie, en adoptant les conclusions, n'a entendu rien décider sur les points contestés, ni sur les opinions que le rapporteur a données comme les siennes, ni sur celles qu'on lui pourrait opposer. (*Note de M. Delambre.*)

(2) *Voir* l'Essai sur l'origine unique et hiéroglyphique des chiffres et des lettres de tous les peuples, par M. de Paravey; Paris, 1826; chez Treuttel et Wurtz, et chez Théophile Barrois, rue de Richelieu.

C'est la seconde partie de ce travail, qu'il a soumise à l'académie; il y traite subsidiairement des Zodiaques et Planisphères rapportés d'Egypte. *Il les dit plus modernes qu'on ne le
croit assez généralement , et il se rapproche de l'opinion de plusieurs savans qui leur assignent une date peu ancienne, et qui
même ont cru trouver , dans ces monumens et leurs sculptures, des
traits auxquels on reconnaît les arts et le ciseau des Grecs.*

Par ces mots , *toutes nos connaissances*, l'auteur a voulu dire
sans doute nos premières connaissances astronomiques et les
observations les plus anciennes; car il avoue lui-même que
ces observations étaient grossières ; il ne nous parle que des
Zodiaques et des Constellations , et ce qu'il en rapporte ne
pouvait guère servir qu'à la division de l'année et aux usages
de l'astrologie. Il est certain , en effet, que les Chaldéens ont
cultivé cette vaine science, et qu'ils en ont infecté tout l'univers
alors connu; mais ce qui concerne la division de l'année intéresse également tous les peuples. Seulement on pourrait y
remarquer des particularités qui conviendraient à un climat
plus spécialement qu'à tout autre.

On sait que les Babyloniens ont observé , c'est-à-dire regar-
dé le ciel. Sextus Empiricus , auteur un peu moderne pour
être en ce point une autorité bien imposante, ajoute qu'ils ont
divisé l'équateur en douze parties égales , comme on a presque
partout partagé l'année en douze mois. Il est bien probable
qu'ils n'ont jamais été plus loin. Empiricus est même le seul
qui leur donne les Clepsydres, dont ils se seraient servis pour
la division de l'équateur.

M. de Paravey annonce que leurs Constellations ont un
rapport sensible avec leur climat et leur agriculture ; mais,
comme il a voulu d'abord examiner les constellations des divers peuples dans leurs rapports généraux de forme et de ressemblance , le mémoire où il traite cette question en particulier, ne nous a pas été remis; et, en admettant la chose
comme possible , nous devons dire qu'elle ne nous est pas
encore démontrée.

Par un grand nombre de rapprochemens qui supposent de

longues recherches, et qui, pour être justement appréciées, exigeraient la connaissance des langues orientales, *l'auteur veut établir que les constellations des Hindous, celles des Chinois, des Egyptiens et des Arabes, ont de telles ressemblances, qu'il paraît impossible qu'elles n'aient pas une source commune.* Ce point aurait pour juges naturels les membres d'une autre académie, à laquelle une partie de ces mémoires a pareillement été lue. *Ainsi nous nous bornerons à dire, que les preuves en ce genre nous paraissent si variées et si nombreuses, que, quand même on parviendrait à en écarter la plus grande partie, l'assertion n'en resterait pas moins démontrée, et que, malgré l'opinion de quelques savans, il paraît bien difficile de nier que des connexions intimes existent entre les constellations des Egyptiens en particulier et celles des Chinois et des Japonais.*

Au reste, toutes ces preuves ne sont pas de la même force. Quelques-unes reposent sur des interprétations, des conjectures, des altérations successives dans la forme et dans la place des constellations; et, quand ces variations seraient tout-à-fait hors de doute, il en résulterait cependant un vague et une espèce d'incertitude qui nous arrêteraient : *nous dirons simplement qu'il nous paraît extrêmement probable qu'en effet des communications ont eu lieu entre les peuples ci-dessus désignés, et que toutes leurs Sphères pourraient avoir une source unique.*

Il resterait encore à déterminer quelle est cette source, et quel est le peuple qui a instruit tous les autres. *Les Chaldéens paraissent le peuple le plus ancien, ou du moins le plus anciennement connu. L'auteur leur donne la préférence; et, en attendant ses preuves, tirées du climat et de l'agriculture, nous sommes disposé à penser comme lui.*

S'il ne s'agissait que des Egyptiens et des Grecs, l'assertion n'aurait aucun besoin de preuves nouvelles. Nous lisons, dans Sextus Empiricus, que les douze constellations des Grecs portaient les mêmes noms que celles des Chaldéens; nous voyons, par les plafonds d'Esné et de Denderah, que les signes du zodiaque égyptien sont les mêmes que ceux des Grecs. Toute la différence est que les Egyptiens, ainsi que les Chaldéens, appelaient *Balance* ou *joug* le signe qui, chez les Grecs, se nommait les *Serres* ou les *pinces* du scorpion. La même chose nous est attestée par Ptolémée pour ce qui concerne les Chaldéens, et par Achille Tatius pour ce qui touche les Égyptiens; mais il y a, entre ces zodiaques, une différence plus importante.

Les Grecs nous ont dit de combien d'étoiles étaient composées les constellations qui répondent à leurs douze signes; ils ont marqué le lieu de ces étoiles par longitude et par latitude; ils en ont dressé des tables qui, sans être de la précision qu'on y mettrait aujourd'hui, indiquent au moins une astronomie plus avancée que n'a pu l'être jamais celle des Chaldéens et des Egyptiens. Dans les suppositions les plus favorables qu'il soit permis de faire pour ces deux peuples, il est bien certain qu'aucun auteur ne fait la moindre mention d'aucun instrument employé par eux (1). Les seules observations que Ptolémée rapporte des Chaldéens sont celles de Mercure *une demi-coudée* au-dessus du bassin austral de la Balance, et de Mercure *une demi-coudée* au-dessus du front du Scorpion. On a même été jusqu'à prétendre que les signes des Egyptiens n'étaient que les symboles des travaux qui s'exécutent dans chaque mois. Il aurait pu en être de même chez les Chaldéens, dont les signes, suivant l'auteur, avaient de si grands rapports avec leur climat et leur agriculture. Mais, lorsque M. de Guignes énonçait cette conjecture, on n'avait encore aucune connaissance des Zodiaques qui nous ont été rapportés d'Egypte.

Dans la plupart de ces derniers monumens, on voit certains

______

(1) Dans les mémoires que nous venons de communiquer à l'académie des Sciences, sur les satellites et l'anneau de Saturne et sur Jupiter, déjà connus des anciens, nous avons au contraire établi, que, dès l'an 2285 avant J.-C., l'empereur *Chun* (où nous voyons Nemrod) avait des instrumens pour observer les astres, et dans notre Réfutation de M. Biot, nous montrons que des Catalogues d'étoiles existaient déjà en Egypte, de 1637 à 1565 avant J. C., sous l'empereur *Tay-vou* ou *Osymendias*. (P.)

groupes d'étoiles surmonter et environner chacun des douze
signes. M. de Paravey retrouve en particulier les huit Étoiles,
disposées sur deux lignes parallèles, des pieds et des genoux
des Gémeaux, l'Équerre remarquable de la Vierge, etc., etc.
Il devient plus difficile d'admettre l'idée de M. de Guignes, et
l'on est porté à croire que les Signes des Égyptiens, comme
sans doute aussi ceux des Chaldéens, répondaient à des groupes
d'étoiles déterminées dans le ciel; et nous voyons en effet
dans Ptolémée *l'australe de la Balance* et le *front du Scorpion*
comparés à Mercure par les Chaldéens. Il faut convenir, d'un
autre côté, que si l'on aperçoit en quelques Signes des ressemblances plus ou moins remarquables avec la disposition
réelle des étoiles, il en est un plus grand nombre où l'on voit
à la vérité des étoiles, mais placées au hasard entre les figures
hiéroglyphiques, ou rangées sur des lignes exactement parallèles, qui n'existent pas dans le ciel. Mais, si les Chaldéens
nous ont laissé dans une parfaite ignorance de la forme qu'ils
donnaient à leurs constellations, et du nombre d'étoiles dont
ils les composaient, en revanche nous savons par eux sur
quelle partie du corps humain chacun des Signes exerçait une
influence particulière. Nous savons, par exemple, que le Bélier présidait à la tête; et, suivant M. de Paravey, cela seul
prouverait peut-être que, dès l'origine, l'équinoxe était dans le
Bélier. Cet argument, au reste, n'est pas d'une force extrême;
car il est possible, il est probable même, que la doctrine astrologique n'a pas été formée d'un seul jet, n'est pas sortie,
tout armée comme Minerve, du cerveau de Jupiter, et que
ces influences, attribuées aux différentes parties du Zodiaque,
pourraient être d'une date bien postérieure à la formation de
ce Zodiaque.

Les Chaldéens nous ont appris encore que les signes se divisaient en mâles et femelles; que le Bélier était mâle, et le Taureau
femelle, etc.; que quatre de ces signes étaient appelés *solides ;*
que quatre autres avaient *deux corps ;* que quatre autres étaient
appelés *tropiques,* en étendant aux équinoxes l'application du
mot Τροπη, imaginé pour exprimer la marche rétrograde que

le soleil prend relativement à l'équateur, dès qu'il arrive à l'un des Solstices. Enfin, les Chaldéens nous apprennent que ces Signes étaient, les uns bons et les autres mauvais de leur nature, et que les autres étaient bons ou mauvais, suivant les circonstances et les diverses configurations.

Dans cet amas de rêveries, soigneusement conservées par les Grecs et les Arabes, comment se fait-il qu'on ne trouve pas une seule mention d'un fait véritablement astronomique, qui suppose la moindre connaissance de calcul ou de géométrie (1) ?

Il est sûr au moins que le Zodiaque grec est d'origine chaldéenne; car Ptolémée, qui vivait en Egypte, ne nous parle que des Chaldéens, ne nous dit rien du zodiaque des Egyptiens, et ne rapporte aucune observation de leurs prêtres.

Mais, outre la division en douze parties, les peuples de l'orient en ont encore une autre, moins connue, moins précisément déterminée et plus difficile à comparer, parce que les Grecs ne l'ont point adoptée; c'est la division du zodiaque en vingt-huit parties, division que l'on trouve dans l'Inde, et qui est encore usitée chez les Arabes, les Coptes et les Chinois.

Cette division, nous dit M. de Paravey, n'a été imaginée que pour l'astrologie; on l'a ramenée à une espèce de symétrie, malgré la grande inégalité des groupes dont les uns n'ont que 1 ou 2 degrés d'étendue en longitude, tandis que d'autres en ont jusqu'à 26, et même 33. Il n'est pas sûr, ajoute l'auteur, que l'Écliptique soit marquée sur ces Sphères; il est sûr au moins que ses pôles n'y sont indiqués par aucune constellation, tandis que les figures abondent autour du pôle de l'Équateur, sommet et origine commune de tous les *fuseaux* qui comprennent les constellations dans la sphère de la haute Asie.

(1) C'est que ce n'est pas chez ces peuples, à écriture alphabétique et moderne, mais en Chine, *où furent emportés les livres hiéroglyphiques de la Chaldée et de l'Egypte*, qu'il faut chercher les traces de la primitive astronomie. (P.)

Il serait, en effet, bien difficile que des peuples qui n'avaient aucune idée bien nette de l'Écliptique, en aient su marquer les pôles , auxquels probablement ils n'ont jamais songé ; au lieu que le pôle boréal de l'Équateur , centre commun des cercles diurnes de toutes les étoiles qui ne se couchent jamais, était sans cesse sous leurs yeux, et que la partie boréale du ciel leur offrait ainsi toute facilité pour y dessiner à vue, nombre de constellations. On pourrait dire cependant qu'aucune de ces constellations boréales ne paraît spécialement destinée à marquer le pôle de l'équateur , que l'une paraît couvrir le lieu où devrait être le pôle de l'Écliptique , et qu'ainsi , dans le fait , on n'aurait voulu marquer ni l'un ni l'autre de ces Pôles, et qu'on ne pourrait conclure ce lieu que par des raisonnemens plus ou moins plausibles.

Des diverses propositions que nous avons extraites des *mémoires*, il résulte que les auteurs de ces constellations n'étaient nullement géomètres, qu'ils étaient astrologues, prêtres ou magistrats chargés de donner à leur nation un calendrier civil et usuel , et qu'ils se bornèrent à tracer de leur mieux ce calendrier dans la voûte étoilée.

Nous avons mentionné *la sphère de la haute Asie*, et M. de Paravey nous fait remarquer *qu'il a été le premier à y reconnaître une disposition particulière et différente de la nôtre, en ce que les Constellations australes et boréales y sont groupées*, COMME EN FUSEAUX, *à chacune des vingt-huit divisions du Zodiaque , outre trois Palais, qu'on y a aussi représentés.*

Notre Sphère ne détermine la place et la figure des Constellations que par les positions particulières des étoiles en longitude et en latitude , et les constellations n'y sont nullement groupées ; elles le seront naturellement dans la Sphère ancienne, si l'on s'y figure des Cercles de déclinaison qui enferment les constellations, soit australes soit boréales; ces Cercles les grouperont avec les constellations zodiacales. Au reste , il ne faut pas donner un sens trop précis et trop géométrique à ce mot *fuseaux*, dont M. de Paravey se sert, à défaut d'autre, pour exprimer son idée. Les Cercles de déclinaison ne seraient que des courbes irrégulières, menées d'un pôle dans la direction à peu près de l'autre pôle, pour indiquer la correspondance entre les Constellations, soit boréales, soit australes, qui se trouvent les plus voisines des Constellations zodiacales, ou qui en forment les complémens quand on veut réduire à 12 le nombre de 28. Si les Courbes polaires dont il est question ne se trouvent pas réellement tracées sur les sphères que nous connaissons, *les rapports qui lient entre elles les constellations zodiacales et leurs complémens, résultent au moins des comparaisons que M. de Paravey a faites des Constellations hindoues, mongoles et chinoises,* telles qu'elles sont décrites dans les Mémoires de Calcutta, dans les Mines de l'Orient, et enfin dans l'ouvrage du P. Noël, sur les Chinois : *la ressemblance des noms est frappante ; il est surtout remarquable d'y voir figurer les 12 animaux, qui ont formé aussi le cycle asiatique de 12 ans.*

Il ne nous paraît pas aussi évident qu'il le paraît à M. de Paravey, que la Lune n'ait pas dirigé les anciens dans le choix des vingt-huit divisions de l'écliptique ou de l'équateur (1). Ces Maisons s'appellent communément les Domiciles ou les hôtelleries lunaires, et les 27 Maisons 1/3 des Indiens ont un rapport frappant avec la marche mensuelle de la Lune. En cherchant à démontrer sa remarque, M. de Paravey nous affirme que, d'après l'Uranographie mongole, publiée par M. Remusat dans les *Mines de l'Orient,* les Hindous comptaient autrefois vingt-huit Maisons, et les appliquaient aux mêmes groupes d'étoiles que celles qui forment les vingt-huit Constellations des Japonais et des Chinois, leur donnant déjà, néanmoins, les mêmes noms samscrits sous lesquels nous les connaissons maintenant.

Au reste, quoique le nombre de vingt-huit, soit beaucoup trop fort pour exprimer la révolution périodique de la Lune,

(1) Nous avons reconnu depuis, que les peuples primitifs ont établi entre la planète *Saturne* et la *Lune,* les mêmes rapports qu'entre celle de *Jupiter* et le *Soleil* ; la Révolution des deux premiers astres étant supposée de 28 ans et de 28 jours, et celle des deux derniers, de 12 ans et de 12 mois. (P.)

nous ne nierons pourtant pas que , d'après un premier aperçu,
des observateurs qui n'étaient munis d'aucun instrument, aient
pu se tromper d'une fraction , et faire le mois lunaire de 28
jours entiers , et par conséquent de quatre semaines. *Ainsi.
nous admettrons qu'en effet, les Hindous commencèrent par compter vingt-huit Maisons; que depuis, et lorsque les observations se
furent multipliées, ils les ont réduites à 27 et 1/3, et même à 27
en nombre rond , dans les usages les plus ordinaires ; et enfin
que, pour plus d'uniformité, ils ont attribué. 13° 20′ à chacune des vingt-sept Divisions de leur zodiaque.*

De cette assimilation, qu'il suppose faite dans l'Inde avec
beaucoup de soin , lorsque les Mongols en ont fait la conquête,
M. de Paravey conclut que le lieu véritable des vingt-huit
Nakschatrons des Hindous nous est connu aujourd'hui avec
beaucoup de précision (1), quoique Le Gentil et les savans de
Calcutta n'aient pu jamais se procurer que des approximations
à cet égard. Les tables de ces Maisons, qu'on trouve pour les
Chinois et les Hindous (2), offrent bien des incertitudes et bien
des dissemblances. On s'était servi de ces Nakschatrons défec-
tueux, pour calculer des Solstices et des Équinoxes que semblent
indiquer les *Pouranas hindous*, et qu'on trouvait d'une antiquité inadmissible.

M. de Paravey, calculant de nouveau ces Solstices sur des
données qu'il croit plus sûres, trouve qu'ils répondent plus
exactement à ceux de la sphère d'Eudoxe, et il en conclut
qu'une ancienne approximation des Solstices se fit en effet
1200 ans environ avant notre Ère , qu'elle fut de là portée en
Grèce, dans l'Inde , et dans la haute Asie. C'est aussi l'époque
à peu près, à laquelle on nous dit que Tchéou-Kong (3) observait les Solstices.

(1) Dans son édition française de son *Uranographie mongole*, M. Remusat s'est emparé de cette importante remarque , sans observer le moins
du monde qu'il nous la devait. ainsi que le prouve sa première traduction en allemand, insérée dans les *Mines de l'Orient*. (*P.*)

(2) DELAMBRE. Histoire de l'astronomie ancienne, t. 1ᵉʳ, p. 280 et 502.

(3) On suppose *Tchéou-Kong* , en Chine , mais il ne pouvait être qu'à
Suse, ou tout au plus en Bactriane. (*P.*)

Nous n'avons pas revu ces calculs; nous n'en connaissons pas assez précisément les bases; nous ignorons également ce qu'on pourrait y opposer; mais, les résultats n'ayant en eux-mêmes rien d'invraisemblable, nous n'avons, pour le présent, aucun intérêt à en contester l'exactitude, d'autant plus que M. de Paravey ne prétend nullement que ces Solstices aient été jamais déterminés, à quelques degrés près, ni qu'on puisse répondre de 200 ans sur l'époque à laquelle il faut les rapporter.

A ces vingt-huit Constellations, les peuples de la haute Asie font correspondre une série de vingt-huit Animaux, parmi lesquels douze sont usités dans tout l'Orient pour compter les années. Il en trouve le Cycle, tracé avec une grande exactitude dans les Zodiaques apportés d'Egypte, et il n'est pas éloigné de croire que ce Cycle des animaux est l'origine du mot Zodiaque.

Ces vingt-huit Constellations se divisaient naturellement en quatre séries partielles de sept constellations chacune; séries dites de l'*est*, du *nord*, de l'*ouest* et du *sud*. Le P. Noël a montré que les planètes arrangées dans l'ordre même des jours de notre semaine, sont affectées, dans la haute Asie, à chacune des quatre séries; *ainsi notre Semaine se trouve usitée jusqu'aux extrémités du globe*. On sait même que les Hindous avaient une année fictive de 364 jours ou de 52 semaines bien juste.

L'auteur observe, en outre, que ces quatre séries répondent aux quatre demi-colures ou aux quatre Saisons. Il remarque que l'un des Poissons ouvre la première série, et que l'épi de la Vierge ouvre la troisième. Or, on sait que, chez les Hindous, l'étoile ζ des Poissons et l'épi de la Vierge commencent deux séries de 180° environ chacune, et qu'on prend indifféremment l'une ou l'autre de ces étoiles pour origine de l'année et pour le zéro des longitudes. Il s'en faut cependant de 3° 58, que ces étoiles soient en effet éloignées de 180°; mais comme on peut supposer facilement 2° d'erreur sur chacune de ces étoiles, dans les observations de ce temps, on peut admettre qu'elles aient paru diamétralement opposées. En calculant dans cette supposition, les deux étoiles eussent été aux équinoxes seulement vers le cinquième siècle de notre ère ; ce qui, d'après les traditions les moins suspectes, conviendrait assez bien aux Hindous, et même aux Chinois.

L'auteur trouve encore que les deux séries de six signes chacune, d'Esné et de Denderah, commencent également par les Poissons et par une Vierge qui tient un épi. Il trouve ainsi qu'un même système d'origine pour les années et les saisons se rencontre également, chez tous les peuples de l'Inde, de la Chine et de l'Egypte ; et si l'on pensait que cette époque du cinquième siècle de notre ère fût trop moderne de beaucoup pour les Egyptiens et les Chaldéens, nous observerons que les Zodiaques de l'Egypte ne peuvent donner au juste l'étoile qui correspondait à l'origine de l'année, et qu'ainsi l'on peut remonter de la moitié d'un signe, et arriver, si l'on veut, à 1000 ou 1100 ans avant notre ère ; et si l'on commence l'année indifféremment à l'une ou à l'autre des deux constellations, on n'aura plus besoin de la demi-période de précession dont se servait Dupuis pour ramener le zodiaque à l'année rurale des Egyptiens. On avait observé déjà, que l'on pouvait se passer de cette demi-période, en assignant à chaque mois la constellation qui passe au méridien à minuit, au lieu de celle que le soleil occupe et rend invisible. *Ici*, M. DE PARAVEY *fait remarquer que les noms donnés aux mois Hindous, et qui sont tirés des constellations, confirment en effet cette idée, puisque le mois dénommé par les Pléiades ou le Taureau, répond à Novembre, mois où le Soleil est dans le Scorpion, et ainsi de suite.*

Pour preuve des communications qui ont eu lieu entre les peuples divers, M. de Paravey cite encore ces Symboles par lesquels les astronomes désignent les douze signes du zodiaque, et en particulier celui des Gémeaux.

On sait que les peuples de la haute Asie, sans tracer les images des constellations, se bornaient à joindre les étoiles dont elles se composent par de simples lignes droites, et à placer à côté le caractère hiéroglyphique de l'objet dont elles portaient le nom. Ainsi, joignant par cinq lignes les étoiles les

2

plus brillantes d'Orion (1), ils plaçaient à côté, un hiéroglyphe formé de celui de l'*homme* et de celui d'*une épée;* en sorte que les Grecs, dessinant plus tard Orion comme un géant armé d'un glaive, n'ont fait que traduire cet antique hiéroglyphe qu'on mettait, en Asie, auprès de ces étoiles remarquables.

M. de Paravey trouve ainsi l'origine très-plausible du symbole de la constellation des Gémeaux ♊, qui n'est autre chose selon lui, que l'imitation de la figure des huit étoiles des genoux et des pieds, réunies par deux lignes parallèles et par deux autres lignes perpendiculaires aux deux premières.

Or, Plutarque nous apprend qu'à Sparte on honorait les Gémeaux sous cette même figure. Ἐστί δέ δύο ξύλα παράλληλα δυσί πλαγίοις ἐπεξευγμένα (2). Au Japon et à la Chine, la constellation 井 *Tsing,* une des vingt-huit, répond à ces huit étoiles, et dessine exactement ♊, notre signe vulgaire. Enfin on voit ces huit mêmes étoiles ⁂ au-dessus des Gémeaux, dans les zodiaques rapportés d'Egypte, mais elles n'y sont jointes par aucune ligne.

Les Symboles qui désignent le Bélier, le Taureau, la Balance, le Sagittaire, le Verseau et les Poissons, ont une telle analogie avec les constellations et les noms qu'on leur a donnés, qu'il n'est nullement étonnant que ces constellations aient aussi partout à peu près les mêmes signes. Il paraissait difficile de trouver l'origine du caractère assez bizarre ♋ qui désigne le Cancer. M. de Paravey la voit dans l'imitation des deux 6 couchés, des étoiles de la tête de l'Hydre, nommée 柳 *Liéou,* ou *l'arbre du saule pleureur,* et d'une autre constellation voisine de celle-ci; Kirker la trouve dans cette tête et

______

(1) *Orion* est nommé 參 *Tsan*, *en chinois, c'est-à-dire Trois, et répond à nos trois rois;* mais dans la nébuleuse qui forme son glaive, se trouve la constellation 伐 *fa*, formée de 亻 *jin*, homme, et 戈 *ko*, glaive. (*P.*)

(2) Traduction de la phrase grecque : « Ce sont deux pièces de bois » parallèles jointes par deux traverses. » Première phrase du *Traité de l'amour fraternel.* (Note de M. Delambre.)

ce bec d'ibis joints à une queue d'écrevisse, que l'on voit dans un ancien zodiaque, et qu'on a imité, comme on a pu, par le signe actuel qui ressemble au chiffre 69. Bailly, en rapportant cette origine, la trouve ingénieuse. Quand au symbole du capricorne ♑, l'auteur y trouve une imitation des sept étoiles de la tête jointes par des lignes droites : nous y avions vu la réunion des deux lettres initiales du mot grec τραγος. Cette abréviation, qu'on rencontre dans les livres imprimés et dans les manuscrits, nous paraissait offrir une ressemblance plus frappante que celle qui se trouve dans les étoiles même ; mais nous conviendrons, sans beaucoup de difficultés, que l'explication de M. Paravey pourrait valoir la nôtre, et qu'elle est même plus universelle, en ce qu'elle conviendrait également à tous les peuples et à tous les âges. Quant à celle des trois autres symboles (ceux du Lion ♌, de la Vierge ♍, et du Scorpion ♏) elle paraîtra sans doute un peu forcée (1).

L'auteur retrouve en outre dans la Sphère de la haute Asie, plusieurs constellations que nous offrent les Planisphères de Denderah et d'Esné, et que les Grecs, habitant un climat plus boréal, semblent avoir oubliées. Nous citerons pour exemples 1° un Arc fort remarquable, que semble mentionner la Sphère persique (2), et que l'auteur retrouve au Cathay, c'est-à-dire en Chine, dans la croupe de Sirius, où un certain nombre d'étoiles tracent un arc fort exactement, arc nommé en effet 孤 *Hou*, 矢 *Chy*, c'est-à-dire *celle qui Tire des flèches.*

2° La Balance 衡 *Heng*, qu'il retrouve dans le *Marché public* qu'on suppose vers le dos de notre Centaure, Balance qui se voit ailleurs encore ;

3° Une Constellation, fort remarquable, de huit ou neuf

___

(1) La contellation chaldéo-chinoise 翼 *ye*, placée dans la Coupe, *sous la Vierge*, et qui signifie *aile, secourir*, offre évidemment les trois traits du ♍ de la Vierge, qui était on le sait, figurée avec des *ailes.*

CONSULTER ICI POUR TOUTES CES FIGURES, la Sphère chinoise, projetée sur celle des Grecs, publiée par M. *Deguignes* fils, t. x, Institut, Mémoires des savans étrangers, et aussi *Morisson*, Dict. Tonique, à la fin. (*P.*)

(2) Voir *Scaliger*, notes sur Manilius.

hommes agenouillés , et dont la tête est coupée ou va l'être.
Ces *Hommes* sont entourés de *Haches* ou de *Couteaux* , et ils
sont renfermés comme dans un *Camp.* On trouve cette constellation avec les mêmes détails dans la Sphère de la haute
Asie , où elle est placée sous le *Verseau,* comme elle l'est dans
les monumens d'Esné et de Denderah , et où elle est aussi
nommée 八 *Pa* 鬼 *kouey,* ou *les huit têtes de démons;* et elle y
offre même la forme 卍 qui est encore un signe sacré de l'Inde.

*Des ressemblances aussi singulières , en les supposant bien
constatées , ne peuvent être méconnues ni attribuées au hasard. En
continuant ces recherches , on trouverait probablement d'autres
preuves de ces anciennes communications , s'il était possible de les
révoquer en doute.*

Nous arrivons enfin , au mémoire où l'auteur discute l'âge
des monumens astronomiques trouvés en Egypte , et principa-
lement celui de Denderah. Nous avons dit , d'après Isidore ,
Scaliger et d'autres autorités plus anciennes (1) , qu'autrefois
les Colures , au lieu de répondre à l'origine des quatre Saisons,
en indiquaient le milieu; de sorte que le Printemps commençait quarante-cinq jours avant l'équinoxe, l'Été quarante-cinq
jours avant le solstice, et ainsi des deux autres saisons. L'auteur
appliquant ce raisonnement aux zodiaques d'Esné, observe
qu'ils commencent tous les deux par les Poissons, ce qui pourrait supposer l'équinoxe dans le milieu du Bélier. Par cette
seule explication, l'âge des monumens d'Esné serait considérablement réduit : il serait celui de la sphère d'Eudoxe (2).

Les deux axes du Planisphère indiquent les solstices et les
équinoxes; les diagonales, qui joindraient les angles opposés
du parallélogramme, formeraient, avec les deux axes, des angles
de 45°, et marqueraient les commencemens des saisons; elles

----

(1) Varron..... Pline, Liv. XVIII. (Note de M. *Delambre.*)

(2) M. Champollion a lu le nom de l'empereur *Claude,* sur le portique
d'Esné, mais on avait pu , comme à *Chartres ,* y tracer un zodiaque dessiné sous les anciens Pharaons. On peut aussi y voir l'équinoxe, placé
à peu près dans les Poissons, à l'époque de l'empereur Claude , et dans la
la Vierge son opposite. *(P.)* — Voir ci-avant, p. 16 et 17 de ce rapport.

passeraient par le milieu du Taureau, du Lion, du Scorpion et du *Verseau*, tandis que les équinoxes et les solstices seraient marqués par le Bélier, le Cancer, la Balance et le Capricorne (et par le premier degré de ces signes environ).

Mais les monumens d'Esné étant moins détaillés et moins complets que ceux de Denderah, M. de Paravey s'attache spé-- cialement à ces derniers. Il les croit même *gradués*, et désirerait que l'Académie pût en faire exécuter la mesure exacte en Egypte (1).

Suivant lui, le grand Zodiaque rectangulaire du Portique offre des femmes toutes semblables entre elles, tournées dans le même sens, dont la tête est surmontée d'une étoile, et qui indiquent les six signes, dans chaque colonne de ce zodiaque. Ces femmes sont toutes éloignées entre elles de 30° exactement, ou du moins aussi exactement que peut le permettre un dessin fait à vue. Il est évident que ces intervalles sont sensiblement égaux; ils sont donc tous de 30°, ou représentent des arcs de 30°.

La dernière de ces femmes tourne le dos à toutes les autres, et indique la *Trope* ou la Conversion du soleil arrivé au point du solstice, c'est-à-dire dans le second des Gémeaux, suivant les idées de l'auteur. Il retrouve les mêmes solstices indiqués par l'axe nord et sud du Planisphère de Denderah, où il croit voir une Projection stéréographique faite, avec une exactitude en- core assez grande, sur le plan de l'équateur ; *car il est persuadé que le centre de ce Planisphère offrait le pôle de l'équateur, et non pas celui de l'écliptique*, et il le prouve en comparant les figures de ce pôle du Plafond de *Denderah*, avec celles du pôle ancien, dans les Planisphères chinois.

Il nous paraît assez vraisemblable, en effet, d'après toutes les raisons qu'il apporte, que le centre du Plafond est le lieu

(1) Après l'arrivée à Paris du Planisphère de Denderah, M. Biot, nous empêchant de le voir, et y appliquant les indications données dans ce Rapport, y a en effet retrouvé une graduation suffisamment exacte, et vérifiée, améliorée ensuite par nous, comme on le voit dans l'ATLAS joint à ces mémoires, et dans nos *Nouv. Considérations*, publiées en 1822. (*P.*)

de ce pôle ; mais si ce **Zodiaque** était projeté stéréographique-
ment, les signes méridionaux occuperaient un espace sensiblement plus grand que les signes boréaux. On ne trouverait
d'égalité qu'entre les signes également éloignés du même tro-
pique. L'inégalité entre deux signes voisins croîtrait ou décroî-
trait continuellement, suivant une loi qui paraît avoir été très-
imparfaitement suivie dans la composition de ce Zodiaque, où
les Signes sont ou rapprochés ou éloignés les uns des autres,
d'une manière qui ne peut s'accorder avec l'idée d'une projection rigoureuse.

Si c'est une projection, comme il serait permis de le penser,
elle a été faite sans aucune idée de géométrie. On ne voit dans
ce Zodiaque que des cercles concentriques, dont même aucun
n'est l'équateur. L'écliptique, à la vérité, n'est point tracée;
les signes n'y suivent la circonférence d'aucun cercle. Le
cercle qu'on pourrait faire passer à peu près par le milieu de
toutes les figures zodiacales ne pourrait être que très-excen-
trique ; car les différentes Constellations sont au moins à des
distances très-inégales du Centre que nous considérons comme
le Pôle de l'équateur.

Nous n'oserions assurer que le dessinateur du Zodiaque eût
la moindre connaissance de la projection d'Hipparque ; ce qui
serait donner à ce monument une date décidément trop moderne aux yeux de quelques savans dont l'opinion mérite
toute sorte d'égards (1). Mais ayant une partie considérable de
la Sphère à représenter sur un plan, il aura choisi tout naturellement celui de l'équateur ; il aura placé au centre le
Pôle boréal, autour duquel il aura dessiné les différentes
constellations dans l'ordre de leur passage au méridien, à des
distances polaires à peu près égales aux distances réelles (2), au-

(1) Date cependant admise par l'auteur de ce Rapport, dans la note
qui y fait suite et qu'il n'a pas eu le courage de lire devant l'Académie ;
date, démontrée par nous de mille manières, et confirmée ensuite par la
lecture des Noms romains sur les Temples de Denderah. (*P.*)

(2) Cette méthode de projection, *par développemens d'arcs*, était celle
que l'on suivait dans l'antique astronomie hiéroglyphique, ainsi que

tant du moins qu'il pouvait les estimer, sans avoir eu même
l'idée de les rendre égales aux tangentes des moitiés de ces
distances réelles, ainsi que l'exigerait la théorie d'Hipparque;
peut-être a-t-il suivi les distances à l'équateur ou les déclinaisons telles qu'il aura pu les connaître; c'est ce dont il est impossible de s'assurer, puisqu'il n'a indiqué la place d'aucune
étoile.

Ici se présente une objection. La figure bien reconnais-
sable du *Cancer* se trouve presque au-dessus de la tête du
Lion, et sensiblement plus voisine du pôle que le *Lion* ou les
Gémeaux. Le Cancer serait donc le signe solsticial, et ce signe
ne serait nullement dans l'axe ou dans la ligne parallèle aux
murs latéraux de l'édifice, s'il est orienté? Mais il est évident que ce Crabe ici, est déplacé; il devrait être entre les
Gémeaux et le Lion; il y est remplacé par un homme à bec
d'oiseau. Or, l'ibis ou la tête d'épervier est le signe ancien auquel on a substitué l'Écrevisse (1). Laissons de côté cette écrevisse, ne considérons que l'homme à bec d'ibis ou d'épervier. Les
signes seront dans leur ordre naturel. *Les Gémeaux seront le
signe le plus boréal; le second de ces Gémeaux et la Croupe du
Sagittaire seront sur l'axe solsticial, les Poissons et la Vierge sur
l'axe équinoxial, et nous aurons le système de M. de Paravey.
Tout cela paraît assez plausible, et semblerait prouver qu'on a
voulu mettre les Poissons et la Vierge aux équinoxes* (2); mais,
quelque séduisante que nous paraisse cette hypothèse, elle
n'est pourtant pas mathématiquement démontrée. Il resterait

nous l'avions montré à M. Delambre, par les Sphères conservées en *Chine*:
et M. Biot, en 1822, et possédant ce rapport du loyal M. Delambre.
dont nous lui avions fait hommage, ne craignait pas de se donner comme
inventeur de cette projection, appliquée par lui au Planisphère de *Denderah*, mais pour une époque fausse!! *(P.)*

(1) Voir *Kirker*, cité à cet égard, p. 18 de ce rapport, et les dessins
joints à ces Mémoires. (*Planisphère de Denderah.*) *(P.)*

(2) Voir p. 16 et 17 de ce Rapport, et les Colures tracées sur le Globe
Farnèse à Rome, globe figuré ici, et enfin les travaux de M. Champollion
sur le Temple de *Denderah*, construit sous les Romains en effet. *(P.)*

à décider si l'on peut exiger une preuve mathématique, quand il s'agit des sculptures d'un plafond.

Quant à la division en 360° (ou en 365° ¼, comme dans l'ancienne Sphère hiéroglyphique, conservée en Chine), que soupçonne M. de Paravey dans les Zodiaques de l'Égypte, sans nous dire précisément où il la place; si elle est à la circonférence de l'un des cercles concentriques du Planisphère, comme il est naturel de le penser, elle ne serait que la division de l'équateur, ou, ce qui revient au même, celle de l'un de ses parallèles. Elle viendrait à l'appui du témoignage de Sextus Empiricus, qui nous dit que les Chaldéens ont divisé l'équateur en douze portions égales....

Enfin, M. de Paravey voit dans ces Planisphères l'horizon de la sphère d'Aratus. Nous savons, par un petit écrit du mécanicien Léonce, que, pour l'usage des navigateurs, on construisait des Globes qu'on nommait *Sphères d'Aratus*. Le métier de Léonce était de leur fournir ces Globes. Suivant M. de Paravey, la portion visible que ce Planisphère indique suppose une hauteur du pôle de 40 à 45°. Cette hauteur serait un peu grande pour la Chaldée, et surtout pour l'Égypte; elle le serait même pour la Grèce proprement dite; et, si les plafonds ont été sculptés d'après Aratus, il faudrait supposer que le sculpteur auteur de ces monumens, aurait copié une Sphère qui n'était, ni celle de son âge, ni celle de son parallèle. Au reste, les Constellations marquées sur un Planisphère ne sont guères propres à donner la latitude d'un observateur, qui a pu négliger les constellations qui s'élèvent peu sur l'horizon très-nébuleux de l'Égypte, et ne sont visibles que peu de momens. On ne pourrait reconnaître cet horizon d'une manière un peu sûre, que par le cercle arctique des Grecs, qui y renfermaient toutes les étoiles qui ne se couchent jamais; or ce cercle arctique n'est point tracé sur le plafond de Denderah.

M. de Paravey insiste surtout fortement sur ce que ce Planisphère de Denderah, s'il est situé dans un temlpe orienté et dans une salle également orientée de ce temple? *a dû être lui-même orienté et construit sur l'axe que forme naturellement dans tout planisphère le colure des solstices, d'où il suit que l'axe même de la Salle où se trouve ce Planisphère détermine le lieu du solstice* (1).

Il trouve dans le Temple du Soleil à Palmyre, un Zodiaque orienté de la même manière que celui de Denderah, la ligne nord et sud y passant aussi par la Croupe du Sagittaire et par les Gémeaux. *Les zodiaques de Palmyre et de Denderah seraient donc à peu près du même temps, c'est-à-dire du premier siècle de notre ère* (2), à moins qu'on ne dise que le zodiaque de Palmyre est une imitation de celui de Denderah.

Il montre des colures situés à peu près de même, dans *le Globe Farnèse* (Voir l'Atlas joint à ces Mémoires); il cite des passages d'Aratus et de son commentateur Théon, qui placent la conversion du soleil dans les derniers degrés du Sagittaire, ainsi qu'on le voit dans ces divers monumens antiques.

Il remarque enfin, que par son explication, le grand Zodiaque du portique de Denderah se trouve offrir exactement les deux solstices, dans les mêmes lieux, où ils se trouvent sur le Planisphère du même temple.

Cet accord de deux projections du Ciel, faites dans un système différent, lui semble surtout démonstratif, et il se croit permis d'établir avec quelque certitude *que les monumens astronomiques de Denderah ne sont pas antérieurs à la sphère d'Aratus, ni même à l'école d'Alexandrie.* On sait que MM. Jollois et Devilliers ont trouvé une conformité singulière, entre ces sculptures et les levers décrits dans le *Commentaire sur Aratus*, attribué faussement à Eratosthène, et qui doit être du premier

(1) M. Biot, dans son Mémoire de 1822, nous avait encore pris ici notre système d'orientation, et avait voulu le déguiser et le démontrer, en calculant de prétendus triangles sphériques. (P.)

(2) La lecture des cartouches de *Denderah* et d'*Esné*, par M. Champollion, est venue en effet confirmer admirablement cette date, obtenue par nos calculs. On y voit le titre *Autocrator* de Néron, et le nom de *Claude* antérieur de vingt ans environ; mais cette lecture seule ne prouverait rien, car ces Autocrates romains auraient pu faire tracer sur ces Temples, ainsi qu'on l'a fait sur l'église de Chartres, des Zodiaques remontant à bien des siècles avant eux; ce qu'ont dit depuis, en effet, MM. Champollion et Biot. (P.)

siècle de notre Ère au moins, puisqu'on y trouve les noms d'Hipparque et du mois de juillet. Par une idée assez semblable à celle de MM. Jollois et Devilliers, M. de Paravey croit que ces sculptures ont été faites d'après le commentaire d'Hipparque.

(1) (D'autres savans estiment que l'époque des Zodiaques pourrait remonter au vingt-cinquième siècle avant notre ère. Ils se fondent sur les levers héliaques de Sirius, qu'on observait comme des annonces du prochain débordement du Nil; mais rien de plus incertain que l'observation de la première apparirion de l'étoile. Le jour où le fleuve sort de son lit est, au contraire, bien facile à déterminer; mais, comme la crue du Nil est très-différente suivant les diverses années, ce phénomène ne saurait avoir des retours aussi réguliers que les révolutions célestes. Il nous paraît donc bien difficile que le lever de Sirius ait jamais pu servir à trouver cette année de $365\frac{1}{4}$ jours, connue des Égyptiens, au moins dans les derniers temps.)

Enfin, M. Visconti n'a point hésité à prononcer que ces Zodiaques d'Égypte sont postérieurs à l'âge d'Alexandre, et que peut-être même, on doit les rapporter à celui d'Auguste et de Tibère; et l'on voit, qu'il penche beaucoup pour ce dernier sentiment. Nous avons donc une incertitude de vingt-cinq ou vingt-six siècles, si nous comparons les deux opinions extrêmes, et il paraît assez difficile de lever tous les doutes. M. Visconti se fonde sur les Inscriptions grecques, sur le mélange des mœurs et des arts de l'Égypte et de la Grèce, et, sur ces points, nous n'avons rien à dire; *il nous recommande d'être réservé et de nous abstenir de toute opinion péremptoire.* Un nouvel examen de la question nous conduit à la même conclusion (2). Il ne nous

---

(1) L'article enfermé entre deux parenthèses n'a point été lu à l'Académie, pour ne pas inutilement prolonger la discussion. (*Note de M. Delambre.*) — Il est ici question des Mémoires publiés par M. Fourier, dans le grand ouvrage sur l'Egypte, Mémoires que nous avions communiqués à M. Delambre, et que ce dernier nous rendit en nous disant qu'il pouvait en démontrer toute la faiblesse. (*P.*)

(2) On voit ici, combien M. Delambre craignait de choquer le philosophisme de ses collègues à l'Académie. (*P.*)

reste aucun livre composé par un Égyptien. Nous avons dit ce que nous pensons du Poëme très-insignifiant de Manéthon. Platon et Eudoxe, qui ont passé treize ans, nous dit-on, dans un Temple, en commerce avec les prêtres du pays, n'en ont pu rapporter que les notions les plus vagues et les plus incertaines. On vient de retrouver des Monumens imposans par leur masse, enrichis de sculptures qui seraient bien curieuses, si nous pouvions les comprendre, mais qui, dans l'état actuel de nos connaissances, et par leur nature même, offrent un vaste champ aux conjectures. Les Égyptiens partageaient le Zodiaque en douze signes comme nous. Ces signes portent les mêmes noms; ils ont les mêmes figures que parmi nous. Voilà ce qui est certain; tout le reste est vague, et peut s'interpréter de diverses manières. On peut pencher pour une explication plus que pour une autre; on peut appuyer celle qu'on préfère d'argumens plus ou moins plausibles. De cette lutte des opinions, il ne peut rien sortir qui contribue le moins du monde à l'amélioration de nos Tables, ni de notre Système astronomique (1); c'est encore un point qui ne saurait être contesté. Nous ne voyons rien dans ces monumens qui ne puisse s'expliquer par les plus simples notions d'une Astronomie dans sa première enfance. Ce point est le seul qui intéresse l'Académie; ce qui concerne l'histoire des peuples et *celle de l'art* n'est point de notre compétence.

CONCLUSION.

En conséquence, nous pourrons, sans rien prononcer sur les questions débattues, applaudir aux recherches laborieuses, aux connaissances acquises qui fourniront des renseignemens encore inaperçus, à la sagacité qui saura les rapprocher pour les faire valoir les uns par les autres; et, par ces raisons,

(1) Mais la discussion soulevée ici, touchait aux croyances religieuses les plus importantes, et les Académies il semble, se mêlent d'autres questions que celles du calcul des Tables astronomiques. On le répète, M. Delambre craignait une discussion trop vive, et malgré toutes ses réticences, il ne parvint pas à l'éviter. (*P.*)

nous engagerons M. de Paravey à poursuivre son entreprise, à compléter les mémoires que nous avons lus, à les mettre dans un ordre plus méthodique, à faire disparaître quelques aperçus trop hasardés auxquels il n'attache lui-même aucune importance, enfin à rédiger les mémoires qu'il n'a fait que nous annoncer; et, si ses Recherches n'ajoutent rien à l'histoire mathématique de l'astronomie, elles ne seront pas sans intérêt pour ceux qui veulent se faire une idée des mœurs des peuples, de leurs institutions, et de la partie, soit civile, soit même astrologique de leurs calendriers.

Signé à la minute :

AMPÈRE, CUVIER; DELAMBRE, *rapporteur* (1).

L'Académie approuve ce rapport, et en adopte les conclusions.

Certifié conforme à l'original :

Le secrétaire perpétuel, chevalier de l'ordre royal de la Légion-d'Honneur,

DELAMBRE.

L'ACADÉMIE, sans rien statuer sur le reste du rapport, ni sur les opinions particulières du rédacteur, non plus que sur celles qu'on peut lui opposer, s'est contentée d'adopter la conclusion, renfermée dans les dix dernières lignes. ELLE N'A EU AUCUNE CONNAISSANCE DE LA NOTE SUIVANTE, QUI NE LUI A POINT ÉTÉ LUE, QUOIQU'ELLE FUT DÈS-LORS ÉCRITE.

Dans le 2ᵉ Tome de la traduction d'Hérodote, du docte M. Larcher, on trouve ce passage, inséré dans les notes de ce bel ouvrage : « M. Visconti était convaincu que le Zodiaque de » Denderah doit avoir été exécuté dans l'espace de temps dans » lequel le *Thoth* vague ou le commencement de l'Année vague » égyptienne, qui est aussi celui de l'Année sacerdotale, répon-

---

(1) M. Fourier et M. Burckhart, les deux autres commissaires, protestèrent contre ce Rapport *bien qu'ainsi décoloré*, et refusèrent de le signer, et il s'en fallut de très-peu que l'Académie ne le rejettât. *(P.)*

» dait au signe du *Lion*, ce qui est arrivé depuis l'an 12 jusqu'à
» l'an 132 de l'ère vulgaire. »

Cette idée est simple et nous paraît heureuse. Le *Thoth*
vague fait le tour du ciel en 1460 ans. Les deux Zodiaques,
dont l'un commence par le Lion et l'autre par la Vierge, ne
différeraient que de 120 ans ; ce qui paraît très-admissible.
Si la conjecture est vraie, comme nous serions tentés de le
croire, les Zodiaques Égyptiens ne seraient que des parodies
moitié sérieuses et moitié grotesques du zodiaque des Grecs ;
ils auraient perdu tout l'intérêt qu'on leur supposait avec une
origine plus ancienne, ce qui n'empêcherait pourtant pas
qu'ils ne fussent encore très-curieux, si l'on parvenait à nous
expliquer clairement ce que signifient tous ces monstres de
figures si bizarres qu'on a mêlés aux constellations chaldéennes
ou grecques.

M. Visconti (1) paraît être encore le premier, qui ait eu l'idée
que le plafond de Denderah, pouvait être une projection de la
Sphère sur un plan ; mais il n'a pas dit de quelle nature était
cette projection. Dans la persuasion où il était, que ces monumens sont postérieurs à Hipparque, il aurait pu donner à son
idée des développemens bien naturels et bien simples.

Pour trouver l'heure pendant la nuit, Hipparque avait placé
sur son Planisphère les étoiles les plus brillantes et les plus
propres à donner le temps d'une observation. La pièce mobile
qui les portait toutes a depuis, été nommée l'*Araignée* ; cette
Araignée d'Hipparque aurait pu fournir le canevas du plafond
de Denderah. On aurait marqué par des points la place de
toutes les étoiles de l'*Araignée*. On aurait eu au moins, une
étoile par constellation ; ce qui suffisait pour en indiquer assez
exactement la place. Autour de ces points, les sculpteurs au-

(1) Ce fut surtout par la disposition gracieuse des quatre figures d'Isis,
représentées debout et soutenant la voûte céleste, et des huit Osiris ou
Atlas agenouillés, que M. Visconti reconnut le Planisphère de Denderah,
comme exécuté par les Grecs ou les Romains ; et, on le voit, le sentiment
intime des arts, avait ici mieux guidé cet homme éminent, que tous les
calculs les plus transcendans ne l'avaient fait, pour M. Fourier. (*P.*)

raient pu, *suivant leur fantaisie*, dessiner les figures des douze signes du Zodiaque (1), et intercaler tous leurs monstres; mais comme les points primitifs ont disparu dans le Plafond, et qu'ils étaient placés, comme les étoiles mêmes, à des distances fort inégales, on conçoit aisément qu'il est impossible de retrouver dans ces figures arbitraires les différences d'ascension droite et les distances polaires tracées par Hipparque. Malgré cet inconvénient, auquel il n'est malheureusement pas de remède, nous avons voulu voir ce qui serait résulté de l'opération qui vient d'être indiquée.

Nous avons placé sur la projection d'Hipparque toutes les étoiles un peu remarquables, en suivant rigoureusement, mais d'après nos propres formules, la théorie de l'Astronome grec, et d'après les positions qu'il leur avait assignées dans son Catalogue original. *Nous avons fait la même chose, en augmentant toutes les longitudes de manière que Pollux se trouvât sur le colure,* A PEU PRÈS SUIVANT L'IDÉE DE M. DE PARAVEY ; *nous avons joint par de simples lignes droites toutes les étoiles d'une même constellation. Dans l'une et l'autre hypothèses, nous avons trouvé en effet une ressemblance assez grande avec le Plafond ; et cette ressemblance eût été encore plus parfaite, si nous eussions adopté les longitudes telles qu'elles sont dans le Catalogue de Ptolémée, pour l'an* 125 *de notre ère.*

Ainsi se trouverait vérifiée, autant qu'il est possible, *la conjecture de M. Visconti, qui assigne aux zodiaques le premier siècle de notre ère.* Au contraire, remontez de 25 ou 26 siècles les ascensions droites, les déclinaisons seront changées considérablement, et la projection aura pris une figure toute différente. Là, se sont bornés ces essais assez longs, et qui ne valent pas la peine qu'ils coûtent.

Nous nous garderons bien, de donner à cette épreuve et à

---

(1) C'est ce que prouvent en effet, les projections des principales étoiles, faites sur le Planisphère de Denderah enfin apporté à Paris, projections exécutées par nous, et suivant la méthode autrefois usitée en Chaldée et en Chine. *Voir* les FIGURES JOINTES A CE MÉMOIRE. (P.)

nos raisonnemens plus de force qu'ils n'en ont réellement. Si les étoiles étaient marquées en effet sur le plafond de Denderah, et qu'il fût certain que la projection eût été régulièrement tracée, il ne serait pas absolument impossible de retrouver à quelle époque répondait la Sphère égyptienne. Mais avec les figures arbitraires qu'on a substituées aux astérismes (1), avec les licences qu'on s'est permises de les rapprocher les unes des autres, et même de les déplacer entièrement, comme on le voit dans ce *Cancer* mis sur la tête du *Lion*, on ne peut plus répondre de rien, nous ne dirons pas seulement sur la date de ces sculptures, mais même sur celle de la Sphère qu'on a voulu représenter. Ainsi, tout considéré, toute recherche ultérieure sur la Sphère égyptienne nous paraît un travail sans objet et d'une inutilité parfaite, et nous ne changerons rien aux conséquences exposées ci dessus.

Il nous paraît incontestable que des communications ont eu lieu entre les peuples de l'Asie, de l'Afrique et de l'Europe. On ne saurait expliquer autrement les ressemblances frappantes qu'on remarque entre les diverses Sphères. La comparaison qu'on en fera, pourra nous faire connaître des choses qui seraient restées inintelligibles, si l'on se fût borné à comparer les Sphères grecques et égyptiennes.

On peut soutenir avec beaucoup d'apparence qu'on a fort exagéré l'ancienneté des Sculptures égyptiennes.

Tous les calculs mentionnés ci-dessus, et beaucoup d'autres que nous avons faits dans des hypothèses toutes différentes, et dont nous n'avons rien dit, *tout nous ramène à cette conclusion, que toutes ces sculptures de Zodiaques sont postérieures à l'époque d'Alexandre.*

(1) Nous avons montré et nous montrons, dans notre vi^e Mémoire, que ces figures n'étaient pas arbitraires, mais s'expliquaient fort bien, soit par la Sphère conservée en Chaldée, soit par celle de la Chine actuelle, telle qu'elle est donnée par M. *Deguignes* fils et aussi par le docteur *Morrisson*, Sphère primitive et d'origine chaldéenne, et qui fut également celle des anciens Pharaons égyptiens. *(P.)*

Nous les croirions du temps de l'astronome Ptolémée, à fort peu près ; mais nous ne donnons cette assertion que comme une opinion qui nous est particulière, et à laquelle nous attachons trop peu d'importance (1) pour la défendre si elle est attaquée, comme il arrivera infailliblement. Nous n'avons déjà perdu que trop de temps sur une question insoluble, et qui n'est bonne qu'à produire des discussions interminables. *Nous l'avions soigneusement écartée de notre* HISTOIRE DE L'ASTRONOMIE, *même en parlant des Recherches de MM.* JOLLOIS *et* DEVILLERS.

Depuis la lecture de ce mémoire, on nous a dit que, dans les dernières années de sa vie, M. Visconti avait paru très-disposé à abandonner quelques-unes des preuves qu'il avait données de sa conjecture ; mais comme il n'a rien imprimé de ses nouveaux sentimens, et que nous n'avons fait aucun usage des preuves dont il commençait à douter, nous pouvons nous en tenir à ce qu'il a fait paraître au Tome II, de la TRADUCTION D'HÉRODOTE, par M. Larcher, *et nous n'avons pas un mot à changer à ce que nous avons dit.*

DELAMBRE.

Paris, 1821.

---

(1) Le public ne mettait pas aussi peu d'importance à cette belle et vaste question, à laquelle nous avons consacré plus de dix ans de notre vie. La foule qui s'est portée au Louvre, lorsque le Planisphère y fut exposé, témoignait assez, qu'on attachait à ce curieux monument, des idées autres, que celles de son utilité pour l'amélioration des Tables astronomiques : nous fûmes le voir alors, avec Madame la marquise SCIPION DU ROURE et Madame la comtesse D'HULST sa belle-sœur, personnes aussi distinguées par leur haut mérite que par leur bonté, et nous fûmes plus de deux heures avant de pouvoir en approcher.

C^{her} DE PARAVEY.

Paris, 1835.

www.ingramcontent.com/pod-product-compliance
Lightning Source LLC
LaVergne TN
LVHW020625180726
843502LV00006B/1887